U0111240

鬥智擂台

IQ
鬥一番

1

新雅文化事業有限公司
www.sunya.com.hk

強化腦力開心笑！

　　考考你：什麼人的工作整天忙得團團轉？是老師？警察？侍應？速遞員？通通不是！答案是……嘿嘿，請你從本書中尋找吧！本書精選了116則搞笑有趣的IQ題，考你智慧和急才，同時增加你的幽默感，讓你做個快樂兒童！出現 ☆ 的題目會有一點難度，要多動動腦筋啊！

　　小朋友，準備好接受挑戰了嗎？來動動腦筋，開懷大笑吧！

1 一個手無寸鐵的人鑽進了獅子籠裏，為什麼他平安無事？

2 有一個字，我們從小到大都讀錯，那是什麼字？

3 香港正處於雨季，如果在某日午夜十二時開始下雨，你認為七十二小時後會出太陽嗎？

4 一個口齒伶俐的人，為什麼只看着你微笑，卻怎樣也講不出話來？

5 爸爸買了一輛車，兩年後卻能夠以更高的價錢賣出去，為什麼？

6 小明的媽媽有三個兒子，大兒子叫大毛，二兒子叫二毛，三兒子叫什麼？

7 如何用一枝筆，寫出一個既是紅字，又是藍字的字？

8 孫悟空和豬八戒吵架，沙僧會站在哪一邊？

❾ 青蛙為什麼能跳得比樹高？

10 有一樣東西不管你喜歡與否，它每年一定會增加一點，這是什麼東西？

11 什麼時候有人敲門，
你絕不會說請進？

12 有兩對母女，她們一起到餐廳吃午餐，每人各叫一個五十元的套餐，卻只需付一百五十元，為什麼？

13 一艘郵輪停泊在碼頭，假設海水每小時上漲五十厘米，請問需要多長時間，海水才會漲至圖中 A 點的位置？

Ⓐ

5 米

14 小鳥得什麼病
最頭痛？

15 天上沒有月亮，街燈沒有亮起，汽車司機亦沒有開車頭燈，當汽車快要撞到馬路上的一隻小狗時，司機卻能及時停車，為什麼他能看見小狗呢？

16 什麼東西明明是你的，但別人比你還常用它？

17 你能不能把一個球拋出去，不碰着地板、牆壁等東西，但球仍回到你的手裏？

18 什麼人最喜歡下雨？

19 盤子裏有五個梨，如何能讓五個小孩分得相同數目的梨，同時盤子裏還餘下一個？

20 什麼傘不能擋雨？

21 誰知道天上有多少顆星星？

22 桌上有兩根長度相同的紅蠟燭和白蠟燭，到底是紅蠟燭燒得長，還是白蠟燭燒得長？

23 小蘭經過日本時，正巧日本發生了大地震，為什麼小蘭卻毫不驚慌呢？

24 監獄裏關着兩個犯人，一天晚上犯人全都逃跑了，可是第二天看守員打開牢門一看，發現裏面還有一個犯人，為什麼？

25 什麼人的工作整天忙得團團轉？

26 人在走路的時候，
左右腳有什麼不
同？

27 某個房間裏有很多人，要把一個蘋果放在哪裏，才能使大家都看見，而唯獨一個人看不見呢？

28 如何將一把長尺變為短尺，而又不需要折斷它？

29 姐姐上午外出，下午回家後，立刻向妹妹提出一條數學題：「7+7=2」，並叫妹妹從日常生活中想答案。你能解答嗎？

7+7=2

?

30 什麼事情你醒着
時會做，睡着時
也會做？

31 偷什麼東西不犯法？

32 晴晴只會中文和英語，其他外語都不懂，但她卻懂得寫一種外國字，那是什麼字？

33 三人共撐一把小傘
在街上走，卻沒有
淋濕，為什麼？

34 媽媽買了三束花，婆婆又買了五束花。她們兩人把花綁在一起，共有多少束花呢？

35 什麼東西打破了，大家都很高興？

36 李先生站在馬路上指指點點，卻沒有警察來趕走他，為什麼？

37 下面有五個水杯，其中三個盛有橙汁。如果不用手去碰水杯，要怎樣才能使有橙汁和空的水杯相間地排列？

38 什麼樣的山和
海可以移動？

39 爸爸非常擅長修理電器，可是他今天修好的燈卻亮不起來，為什麼？

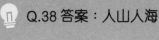
40 為什麼小偉能連續十多個小時不眨眼？

41 一隻雞和一隻鵝被放進雪櫃裏，雞凍死了，鵝卻活着，為什麼？

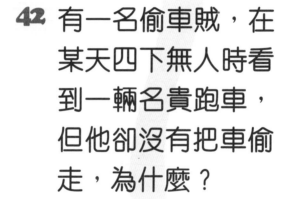

42 有一名偷車賊，在某天四下無人時看到一輛名貴跑車，但他卻沒有把車偷走，為什麼？

43 黃老太整天喋喋不休，可是她有一個月說話最少，到底是哪一個月呢？

44 小明問了芳芳五次同樣的問題，芳芳答了五個不同的答案，但每次的答案都是對的，小明問的到底是什麼問題呢？

45 有一種遊戲，要勝出的話不但不能前進，反而要後退，這是什麼遊戲？

46 用哪三個字可以
回答一切難題？

47 張太太共有三個兒子，這三個兒子又各有一個妹妹，那麼張太太總共有多少個孩子？

48 什麼話最令人發笑？

49 有一個人被關在屋裏，屋裏只有一扇門，但無法拉開，請問他如何出來？

50 小俊在街上走時，他的腳從來不會觸踫地面，他是怎樣做到的？

51 文文在洗衣服，但為什麼洗完衣服後，她的衣服還是髒的？

52 一年裏，有些月份有三十一日，例如一月；有些月份有三十日，例如六月。那麼有二十八日的月份總共有多少個？

53 婷婷的英語說得非常好，可是有些外國人卻聽不懂，為什麼？

54 家豪說他能輕而易舉地跨過一棵大樹，他是怎樣跨過的呢？

55 有一件東西，你只能用左手拿它，右手卻拿不到，那是什麼東西？

56 在一次監察嚴密，絕無作弊可能的考試中，老師發現了兩張一模一樣的考卷，但他卻毫不奇怪，也沒有人被指作弊，為什麼呢？

57 課本上有一條數學題「4-4=8」，需要用一張紙和一把剪刀來解答。你能完成這條數學題嗎？

58 最堅固的鎖怕什麼？

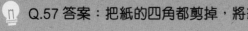
59 什麼東西沒有
價值，但大家
都喜歡？

60 小翔逢星期一、二、三說謊，小雯逢星期四、五、六說謊。現在有人問他們今天是星期幾，他們都回答說：「昨天是我說謊的日子。」到底今天是星期幾？

61 什麼布不能用來製衣？

62 小菲買了一袋水果，回到家時卻兩手空空，她保證沒有偷吃，也沒有弄丟，那是什麼原因呢？

63 八個小孩在玩捉迷藏，其中三個被捉到了，還有多少個仍躲起來呢？

64 用什麼可以解開
所有的謎？

65 媽媽對小晴說：「你可以隨便吃蛋糕，但不能用任何工具，也不准踏在地氈上。」小晴怎樣才能吃到美味的蛋糕呢？

66 巴士裏只有六個乘客，到達其中一個車站時，四個人下了車，又有三個人上車。當巴士抵達終點站時，共有多少人下車？

67 城裏的一間醫院從來沒有治癒病人，可是仍然很受歡迎，為什麼？

68 大勇和同學在游泳池游泳，游了一會兒後，大勇數了數，發覺少了一個人。他連忙向老師報告，但老師說人數沒有少，為什麼？

69 早上八時正，北上、南下兩列火車都準時通過同一條單線鐵軌，為什麼它們沒有相撞呢？

70 什麼狗不會叫？

71 桌上有十二根點燃着的蠟燭，先被風吹滅了三根，不久另一陣風又吹滅了兩根，最後桌上還剩下多少根蠟燭？

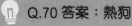

72 有一種路雖然四通八達，但卻不能讓人走，為什麼？

73 什麼鳥最愛化妝？

74 有個人餓得要命，廚櫃裏有雞肉、魚肉、豬肉等罐頭，他會先打開什麼？

75 小輝拿着十根火柴，說可以將它們變成「五」，你相信嗎？

76 小瑩的老師講的是什麼語，需要同學們一邊聽、一邊猜？

77 魔術師拿着一枝畫筆，對一個觀眾說：「我只要在你的周圍畫一個圓圈，無論你跳得多高，跑得多快，都不能逃出這個圈子。」這有可能嗎？

78 在小寶家，每次吃完飯後都是爸爸洗碗，可是今天爸爸卻沒有洗碗，為什麼呢？

79 一個袋子裏裝着紅豆和綠豆，一個人把這袋豆子全倒在地上，但他很快就把紅豆和綠豆分開了，請問他是怎樣做到的？

80 一名貨車司機被一名騎電單車的人撞倒，貨車司機受了重傷，電單車騎士卻平安無事，為什麼？

Q.79 答案：袋子裏只有紅豆和綠豆各一顆，馬上就能分好了。

81 什麼人最怕太陽？

82 眼睛看不見，口卻能分辨，那是什麼？

83 一名保鏢負責運送一批珠寶，途中卻遭到搶劫。保鏢事發後一直都在珠寶旁邊，但不是他劫走珠寶的，為什麼會這樣呢？

84 放一枝鉛筆在地上，要使任何人都無法跨過，應該怎樣放？

85 一架直升機距離地面五十米，有一個人沒有背上降落傘便從這架直升機上跳下來，但他完全沒有受傷。你知道是什麼原因嗎？

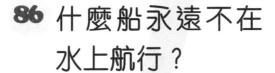

86 什麼船永遠不在水上航行？

87 朱婆婆拿了九個橙來分給十三個孩子，應該怎樣分才公平呢？

88 小明新買的襪子有一個洞，但他沒有拿到店鋪更換，為什麼？

89 小柔在蹺蹺板的一邊放一個球，小風在另一邊放一塊冰，球和冰的重量相等。請問蹺蹺板最後會向哪個方向傾斜？

90 天清氣朗，但為什麼看不見太陽？

91 一匹布長五十米，每天剪兩米，要多少天才剪完？

92 小明的媽媽沒有生病，可是她每天都到醫院，為什麼？

93 王先生說他在非洲草原上，拍了許多動物照片，包括長頸鹿、斑馬和袋鼠。但陳先生一看照片便知道他在說謊了，到底是什麼原因？

94 小明有九本書，損壞了一本，又借給別人兩本，再賣出一本，他還有多少本書？

95 有一個人到國外去，為什麼他周圍的人都是中國人？

96 小明的口袋裏原有十個硬幣，但它們都掉了，請問小明口袋裏還剩下什麼？

97 月黑風高的晚上，李先生遇見鬼，但為什麼鬼反而嚇得落荒而逃？

98 什麼眼看不見東西？

99 陳先生開着車子，卻始終到不了目的地，為什麼？

100 人們看見海面上有一艘船正在下沉，但大家都不以為然，為什麼？

101 芳芳到街上買食物，她只帶了二元硬幣和一元硬幣，但卻買了三百元的食物，你相信這是真的嗎？

102 誰的腦子能記住最多東西？

105

103 小傑為何能用一隻手使車子停下來？

104 李小姐的手帕掉進了一個咖啡杯，但手帕並沒有弄髒，你知道為什麼嗎？

105 一名旅行家說，他看見一個村子裏所有人都只有一隻右眼，你相信嗎？

106 什麼線看得見，
卻抓不到？

107 為什麼有些果樹生長了十幾年也長不出一個蘋果？

108 有六隻鳥，獵人開槍打中了一隻，其他五隻卻沒有飛走，為什麼？

109 兩股耀眼的燈光正從前方的車燈射來，車子漸漸迫近一個正在過馬路的男孩。男孩夾在兩股燈光中間，車子駛過後，男孩竟然平安無事。這是怎麼一回事？

110 誰說話的聲音傳得最遠？

111 比比帶了一百元上街，買了價值七十五元的玩具，但店員只找給他五元，為什麼？

112 芳芳對小光說：「我在街上看見一位電影明星。不過，我在他身後，所以看不見他的樣子，但他的領帶漂亮極了。」小光一聽，便知芳芳在說謊，為什麼呢？

115

113 第一個登上月球
的中國人是誰？

114 有一個奇怪的問題，回答的人一定是說沒有，這個問題是什麼？

115 把一個年份寫在紙上，再將紙倒過來看，仍然見到相同的年份，你知道是哪一年嗎？

116 什麼門不能關？

你已完成挑戰，
真厲害啊！

鬥智擂台
IQ 鬥一番 ①

編　　寫：新雅編輯室
繪　　圖：ruru lo cheng
責任編輯：陳志倩
美術設計：陳雅琳
出　　版：新雅文化事業有限公司
　　　　　香港英皇道 499 號北角工業大廈 18 樓
電　　話：(852) 2138 7998
傳　　真：(852) 2597 4003
網　　址：http://www.sunya.com.hk
電　　郵：marketing@sunya.com.hk
發　　行：香港聯合書刊物流有限公司
　　　　　香港荃灣德士古道 220-248 號荃灣工業中心 16 樓
　　　　　電話：(852) 2150 2100
　　　　　傳真：(852) 2407 3062
　　　　　電郵：info@suplogistics.com.hk
印　　刷：中華商務彩色印刷有限公司
　　　　　香港新界大埔汀麗路 36 號
版　　次：二〇一八年一月初版
　　　　　二〇二四年十一月第十次印刷

ISBN: 978-962-08-6939-6
© 2018 Sun Ya Publications (HK) Ltd.
18/F, North Point Industrial Building, 499 King's Road, Hong Kong
Published in Hong Kong SAR, China
Printed in China

《鬥智擂台》系列

謎語挑戰賽 1

謎語挑戰賽 2

謎語過三關 1

謎語過三關 2

IQ 鬥一番 1

IQ 鬥一番 2

IQ 鬥一番 3

金牌數獨 1

金牌數獨 2

金牌語文大
比拼：字詞
及成語篇

金牌語文大
比拼：詩歌
及文化篇